U0158697

中国地质灾害科普丛书

丛书主编：范立民

丛书副主编：贺卫中 陶虹

DIMIAN CHENJIANG

陕西省地质环境监测总站　编著

中国地质大学出版社

ZHONGGUO DIZHI DAXUE CHUBANSHE

图书在版编目(CIP)数据

地面沉降 / 陕西省地质环境监测总站编著. —武汉：中国地质大学出版社，
2019.12（2022.11重印）
（中国地质灾害科普丛书）
ISBN 978-7-5625-4712-9

Ⅰ.①地…
Ⅱ.①陕…
Ⅲ.①地面沉降–灾害防治–普及读物
Ⅳ.①P642.26-49

中国版本图书馆 CIP 数据核字 (2019) 第 284035 号

地面沉降

陕西省地质环境监测总站　**编著**

责任编辑:谢媛华　　　　选题策划:唐然坤　毕克成　　　　责任校对:张咏梅

出版发行:中国地质大学出版社(武汉市洪山区鲁磨路 388 号)　　邮编:430074
电话:(027)67883511　　　　传真:(027)67883580　　E-mail:cbb@cug.edu.cn
经销:全国新华书店　　　　　　　　　　　　　http://cugp.cug.edu.cn

开本:880 毫米×1 230 毫米　1/32　　　字数:71 千字　　　印张:2.75
版次:2019 年 12 月第 1 版　　　　　印次:2022 年 11 月第 2 次印刷
印刷:武汉中远印务有限公司

ISBN 978-7-5625-4712-9　　　　　　　　　　　　　定价:16.00 元

如有印装质量问题请与印刷厂联系调换

《中国地质灾害科普丛书》
编 委 会

我国幅员辽阔,地形地貌复杂,特殊的地形地貌决定了我国存在大量的滑坡、崩塌等地质灾害隐患点,加之人类工程建设诱发形成的地质灾害隐患点,都在时时刻刻威胁着老百姓的生命安全。另外,地质灾害避灾知识的欠缺在一定程度上加大了地质灾害伤亡人数。因此,普及地质灾害知识是防灾减灾的重要任务。这套丛书就是为提高群众的地质灾害防灾减灾知识水平而编写的。

我曾在陕西省地质调查院担任过 5 年院长,承担过陕西省地质灾害调查、监测预报预警与应急处置等工作,参与了多次突发地质灾害应急调查,深知受地质灾害威胁地区老百姓的生命之脆弱。每年汛期,我都和地质调查院的同事们一起按照省里的要求精心部署,周密安排,严防死守,生怕地质灾害发生,对老百姓的生命安全构成威胁。尽管如此,每年仍然有地质灾害伤亡事件发生。

我国有 29 万余处地质灾害点,威胁着 1 800 万人的生命安全。"人民对美好生活的向往就是我们的奋斗目标",党的十八大闭幕后,习近平总书记会见中外记者的这句话深深地印刻在我的脑海中。党的十九大报告提出"加强地质灾害防治"。因此,防灾减灾除了要查清地质灾害的分布和发育规律、建立地质灾害监测预警体系外,还要最大限度地普及地质灾害知识,让受地质灾害威胁的老百姓能够辨识地质灾害,规避地质灾害,在地质灾害发生时能够瞬间做出正确抉择,避免受到伤害。

为此,我国作了大量科普宣传,不断提高民众地质灾害防灾减灾意识,取得了显著成效。2010 年全国因地质灾害死亡或失踪为 2 915 人,经过几年的科普宣传,这一数字已下降,2017 年下降到 352 人,但地质灾害死亡事件并没有也不可能彻底杜绝。陕西省地质环境监测总站组织编写了这套丛书,旨在让山区受地质灾害威胁的群众认识自然、保护自然、规避灾害、挽救生命,同时给大家一个了解地质灾害的窗口。我相信通过大力推广、普及,人民群众的防灾减灾意识会不断增强,因地质灾害造成的人员伤亡会进一步减少,人民的美好生活向往一定能够实现。

希望这套丛书的出版,有益于普及科学文化知识,有益于防灾减灾,有益于保护生命。

王双明

中国工程院院士

陕西省地质调查院教授

2019 年 2 月 10 日

2015 年 8 月 12 日 0 时 30 分,陕西省山阳县中村镇烟家沟发生一起特大型滑坡灾害,168 万立方米的山体几分钟内在烟家沟内堆积起最大厚度 50 多米的碎石体,附近的 65 名居民瞬间被埋,或死亡或失踪。在参加救援的 14 天时间里,一位顺利逃生的钳工张业宏无意中的一句话触动了我的心灵:"山体塌了,怎么能往山下跑呢?"张业宏用手比划了一下逃生路线,他拉住妻子的手向山侧跑,躲过一劫⋯⋯

从这以后,我一直在思考,如果没有地质灾害逃生常识,张业宏和他的妻子也许已经丧生。我们计划编写一套包含滑坡、崩塌、泥石流等多种地质灾害的宣传册,从娃娃抓起,主要面对山区等地质灾害易发区的中小学生和普通民众,让他们知道地质灾害来了如何逃生、如何自救,就像张业宏一样,在地质灾害发生的瞬间,准确判断,果断决策,顺利逃生。

2017 年初夏,中国地质大学出版社毕克成社长一行来陕调研,座谈中我们的这一想法与他们产生了共鸣。他们策划了《中国地质灾害科普丛书》(6 册),申报了国家出版基金,并于 2018 年 2 月顺利得到资助。通过双方一年多的努力,我们顺利完成了这套丛书的编写,编写过程中,充分利用了陕西省地质环境监测总站多年地质灾害防治成果资料,只要广大群众看得懂、听得进我们的讲述,就达到了预期目的。

《中国地质灾害科普丛书》共6册，分别是《崩塌》《滑坡》《泥石流》《地裂缝》《地面沉降》和《地面塌陷》，围绕各类地质灾害的基本简介、引发因素、识别防范、临灾避险、分布情况、典型案例等方面进行了通俗易懂的阐述，旨在以大众读物的形式普及"什么是地质灾害""地质灾害有哪些危害""为什么会发生地质灾害""怎样预防地质灾害""发现(生)地质灾害怎么办"等知识。

在丛书出版之际，我们衷心感谢国家出版基金管理委员会的资助，衷心感谢全国地质灾害防治战线的同事们，衷心感谢这套丛书的科学顾问王双明院士、武强院士、汤中立院士的鼓励和指导，感谢陕西省自然资源厅、陕西省地质调查院的支持，感谢中国地质大学出版社的编辑们和我们的作者团队，期待这套丛书在地质灾害防灾减灾中发挥作用、保护生命！

范立民

矿山地质灾害成灾机理与防控重点实验室副主任
陕西省地质环境监测总站 教授级高级工程师
2019 年 2 月 12 日

目录

C O N T E N T S

4　地面沉降危害 ································· 41

5　地面沉降防治措施 ························ 53

地面沉降基本概念

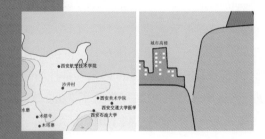

1.1 地面沉降概念

　　地面沉降顾名思义就是大地地面下降，它指的是地壳表面在内、外力地质作用与人类活动作用下，大面积或某一局部范围内的区域性沉降活动。

　　大地的地层间经常相互挤压推搡，中间发生断裂和应力的集中，由于不同区域不同部分的地层软硬强弱各不相同，再加上各类建筑、岩石等地面荷载的作用力和地面以下地下水、石油矿产等支撑物被抽取，部分区域应力集中产生断裂，最终形成大地地面下降现象。地面沉降发生期间会引来很多建筑和工程问题，如果不加控制，沉降量日积月累会非常惊人。以西安市为例，从 1959 年至今市区最大累计沉降量为 3.082 米（西八里村附近），这相当于海拔高程降低了 3.082 米，西安市大雁塔也因地面沉降而发生倾斜，最大处达到 1.10 米。

▼西安市 1959—2013 年地面沉降变化

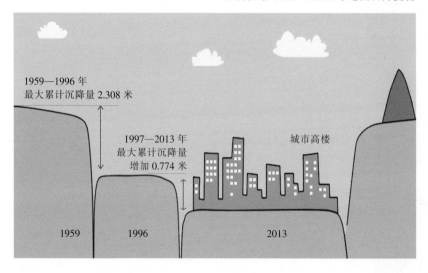

1959—1996 年
最大累计沉降量 2.308 米

1997—2013 年
最大累计沉降量
增加 0.774 米

城市高楼

1959　　1996　　2013

1.2 地面沉降和地面塌陷的区别

　　地面沉降范围较广，发生过程较缓，一般几年甚至更长的时间，而且还在不断发展。地面沉降量一般较小，沉降区域和周边一般无特别明显的特征。地面塌陷是局部塌陷，发生过程时间较短，几天之内就可形成，塌陷区和周边可看到明显地面不连续现象，破坏范围小，破坏性强。地面塌陷往往防不胜防，来势汹汹，而地面沉降则相对较缓慢，属于缓变性地质灾害。

▼地面沉降与地面塌陷对比

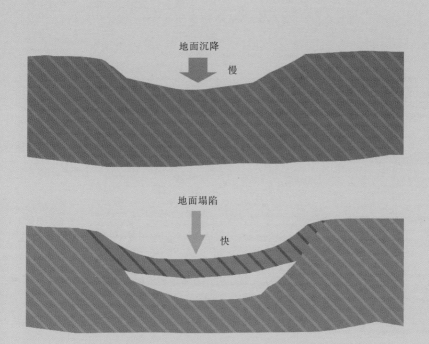

1.3 地面沉降不可逆性

地面沉降不可逆，虽然我们知道土颗粒间有一定的弹性，但土体被压密后孔隙里的水要么被抽走，要么被挤走，孔隙变小后就不可逆了。所以，地面沉降最大的问题就是"一条路走到黑"，一旦发生了，即使把水再回灌也只能延缓，基本不太可能恢复。

以西安市 2000—2012 年的地面沉降为例，监测结果显示，西安市近年随着地下水位的上升，地层压密逐渐减缓，但未出现逆转性的回弹。

4

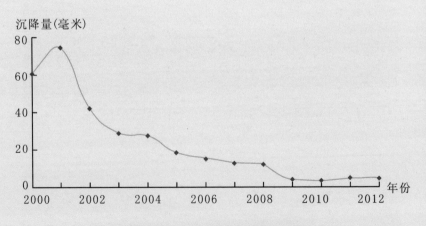

▲ 西安市 2000—2012 年地面沉降量

1.4 地面沉降的范围

地面沉降的影响范围是比较大的，可从几平方千米至几千平方千米，而且不同区域往往伴随着不同的沉降量。这就让在这些范围里的工程设计和施工维护变得非常麻烦。

以西安市为例，截至 1996 年累计沉降量超过 200 毫米的范围就达到了 220 平方千米，截至 2013 年累计沉降量超过 200 毫米的范围约360 平方千米，约有 5 万个足球场大。

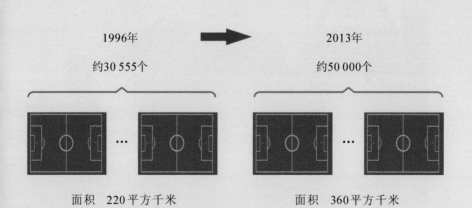

▲西安市地面沉降超过 200 毫米的范围

1.5 地面沉降的速度

　　地面沉降的发展速度一般是比较缓慢的，地面有时以难以察觉的速度向下运动，速率为每年几毫米至每年几百毫米。我们往往需要借助特殊的专业仪器设备和它已经造成的破坏结果来发现与监测它。

　　如下图，整个地形地貌看似没有一点变化，但是日积月累我们就可以逐渐地看出地面开始出现下沉和弯曲。

6

▼ 地面沉降发展缓慢

1.6 *地面沉降的运动规律*

　　地面沉降往往以垂直向下运动为主，很少或基本上没有水平方向位移，垂直位移量随着地下水位的降低而逐渐增大，而且不同区域的地面沉降速率往往是不同的。

▼西安市 2012—2015 年地面沉降累计等值线图
（根据长安大学 InSAR 监测资料重绘）

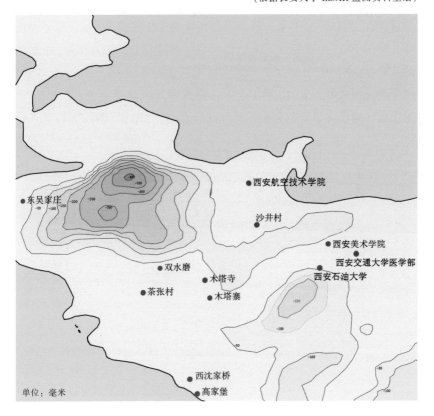

单位：毫米

根据西安市 2012—2015 年地面沉降累计等值线图，西安市地面沉降累计最大沉降量位于市西南郊高新区鱼化寨一带，超过 400 毫米。该区域由于城市开发力度大，且城市供水管网尚未覆盖至此，供水主要依赖地下水开采，使得该区域成为西安市地面沉降新的活动中心。另外，南郊电子城附近区域地面沉降量次之，其他区域地面沉降量较小或不发生地面沉降。

1.7 地面沉降的规模分级

根据地面沉降的面积和最大累计沉降量分为：特大型地面沉降（面积大于 500 平方千米，最大累计沉降量 1.0～2.0 米）、大型地面沉降（面积 100～500 平方千米，最大累计沉降量 0.5～1.0 米）、中型地面沉降（面积 10～100 平方千米，最大累计沉降量 0.1～0.5 米）、小型地面沉降（面积小于 10 平方千米，最大累计沉降量小于 0.1 米）。划分依据《地质灾害分类分级标准（试行）》(T/CAGHP 001—2018)。

地面沉降分级表

分 级	特大型	大 型	中 型	小 型
沉降面积（平方千米）	>500	500～100	100～10	<10
最大累计沉降量（米）	2.0～1.0	1.0～0.5	0.5～0.1	<0.1

地面沉降形成机制

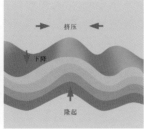

2.1 地面沉降的诱发因素

　　地面沉降的诱发因素包括自然因素和人类工程活动因素两大类，包括构造沉降（新构造沉降、断裂活动）、软土层次固结变形沉降、排水固结变形沉降、工程加荷引起承载土体固结变形沉降等。

　　诱发地面沉降的自然因素包括地球内营力作用和地球外营力作用。地球内营力作用包括地壳近期下降、地震、火山等运动。地球外营力作用包括地表或地下水的溶解、氧化和气温波动造成的冻融等作用。其中，地下水对土壤中的各种成分溶解或者流动带走，引发各种成分之间的化学反应，再加上水分蒸发等过程造成了土体密度的变化，改变了整个土体原来的重力平衡，发生自重固结从而引起地面沉降。

　　地层在挤压过程中引发弯曲和断裂造成地震、火山与地壳部分下降运动，也为地下水流动造就了好的通道。并且，人们大量地灌溉、

▼地质营力作用下的地面沉降

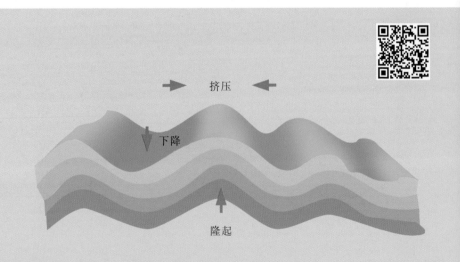

修建建筑物和堆载造成地面压重的增加，同时大量抽取地下水使得地层压密，引发地面沉降。

地面沉降复合性强，一般为多种因素叠加综合作用的结果。其中，人类工程活动造成的地面沉降速率和总沉降量远远超过了自然因素造成的沉降速率与总沉降量。

2.2 自然因素

2.2.1 构造运动引发地面沉降

以垂直运动为主的新构造运动可使地面随基底而升降，地层断裂的活动阻断了地下含水层，同时地层相互远离的趋势使得地面整体下移，引发地面沉降。

我国天津、西安和大同等城市的地面沉降均受到新构造运动的影响。例如，天津处于新华夏构造体系华北沉降带，长期以来缓慢下沉。

▼基岩远离拉张造成地面沉降

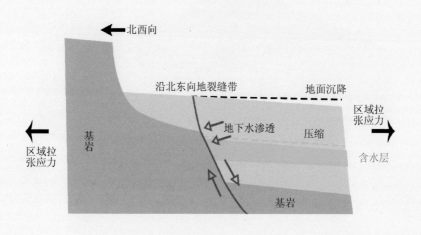

2.2.2 强烈地震引发地面沉降

强烈地震是新构造运动的一种突发事件，在短期内可引起变幅较大的区域性地面垂直变形。具体原理是：各个板块互相挤压时，缺乏韧性的地层会突然断裂或者瞬间摩擦产生位移，就发生了地震。这时有的地方隆起，有的地方下降，下降地区就形成了地面沉降区域。

另外，强震使软土地基震陷和古河道新近沉积土液化，也就是土体全部成了悬浮状态，无法承受重力了。这就相当于摇匀、捣密、压实一样，也可造成局部地区的地面沉降。

2.3 人类工程活动因素

地面沉降与人类活动密切相关，人为因素对地面沉降的影响已经大大超过自然因素，尤其是近几十年来，人类过度开采石油、天然气、

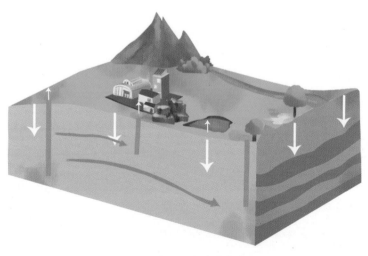

▲抽水引发地面沉降

固体矿产、地下水等地下资源，使储存这些固体、液体、气体的沉积层孔隙压力发生趋势性降低，土体颗粒骨架承担的重力增大，孔隙被挤压，从而导致地层被压密，发生地面沉降。

人为的地面沉降广泛分布在一些开采地下水的大城市以及石油或天然气的开采区。此外，城市高层建筑越来越多，使地面荷载压迫加剧，也成为了目前大中型城市地面沉降的主要原因之一。

▲地面荷载压迫加剧地面沉降

2.3.1 过量开采地下水引发地面沉降

过量开采地下水使地层内孔隙水压力降低，土粒间的有效应力增加，地层被压密，形成区域性地面沉降。这种因抽取地下水而形成的地面沉降，是地面沉降现象中发育最普遍、危害性最严重的一类。

厚层松散细颗粒土层的存在构成了地面沉降的物质基础，易发生地面沉降的地质结构为砂层、黏土层的松散土层结构。随着地下水的抽取，承受压力的那一层水位降低、水压下降，含水层本身及含水层上、下隔水层的孔隙水压力减小，产生地层压缩导致地面沉降发生。

抽水会造成地面沉降，但不同区域地面沉降因水位下降幅度的不同而不同。不同的地面沉降区域之间的沉降区在边界最薄弱的某处（如地裂缝）释放出来。

地面沉降一般受周边地层的薄弱地带影响（如断裂带），地下水过量开采导致地下水位大幅下降，水位以上的黏土层地下水疏干，地层压缩导致地面沉降。一般来说，同一个城市黏土层厚的地区容易发生地面沉降，黏土层厚度越大，地区沉降量就越大。

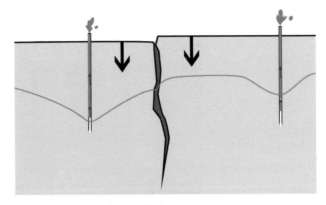

▲抽水引发地面沉降

2.3.2　密集的建筑荷载引发地面沉降

地下软土层厚度较大时，地表密集的建筑荷载会导致区域性地面沉降的发生。城市规划中过于集中的大荷载高楼建筑物往往会增大地面负重，引发地面沉降。

▼人类工程建筑物密集引发地面沉降

🏔 2.3.3 地下矿产开发引起地面沉降

采空指的是因地下石油、天然气、煤炭等矿产的大面积开采，使地下被采空，一定范围内的地层会下沉导致地面高程降低。当地下矿层被采空后，便在地下形成采空区。采空区由于上层顶板下的重力支撑被取走，上覆及周围岩土体原有的平衡被打破，因而地层在重力的作用下逐渐下沉，引发地面沉降。

▼地下矿产大面积开采造成的地面沉降

矿层　　　　采空区

地面沉降分布

3.1 世界地面沉降分布

随着世界各地城市化不断扩展，城市人口显著增长，人们生活、工业与农业等产业发展的用水量急剧增加，地下水超采极为严重，造成城市地面沉降。

据有关资料记载，地面沉降现象最早发生的记录时间是 1891 年，在中美洲的墨西哥城，其次于 1898 年在日本新潟县。但是，由于地面沉降的沉降量不大，危害性暴露得还不明显，当时将成因归结于地壳升降运动。到 20 世纪 30 年代，在一些国家的沿海城市，如日本东京、大阪，美国长滩等，地面沉降发展严重。这些地区经常遭到风暴潮的袭击，遭受一次又一次的巨大经济损失，从而使得地面沉降成为严重的区域灾害。随着地下水资源以及油气等资源开采量的快速增加，地面沉降的影响也日趋严重，目前已成为全球性的地质环境问题。

据统计，世界上已有 60 多个国家和地区发生地面沉降，较严重的国家为日本、美国、墨西哥、意大利、泰国和中国等。这一数量还在持续增加，尤其以沿海地区的地面沉降现象最为突出，造成了巨大的经济损失和人员伤亡，并产生了深远的社会影响。

3.1.1 美国

仅在美国，已经有遍及 45 个州，超过 44 030 平方千米的土地受到了地面沉降的影响，相当于新罕布什尔州与佛蒙特州面积的总和。其中，内华达州的拉斯维加斯部分地区在 1960—1990 年的 30 年间，地面沉降 1.82 米；路易斯安那州的新奥尔良自 1878 年以来，地面下沉了 4.5 米，是美国下降速度最快的地方，被称为"下陷之城"。由此引发的经济损失更是惊人，仅在加利福尼亚州圣克拉拉山谷，沉降所造成的直接经济损失在 1979 年大约为 1.31 亿美元，而到了 1998 年则高达 3 亿美元。随着对地下水的进一步开发，现有的地面沉降问题将会更加恶化，并可能引发新的沉降问题。

休斯敦地区是美国地面沉降最严重的地区之一。地面沉降的过程贯穿着 20 世纪当地经济发展的过程。20 世纪初休斯敦港的建成以及日益增加的石油产量促进了当地工业和人口的迅速增长，这极大地刺激了对地下水的需求。为了确保经济的发展，地下水被过度开采。20 世纪 70 年代中期，由于工业的快速发展导致地下水的抽水量增加，连接休斯敦与墨西哥湾的休斯敦航道沿线地区已发现约 2 米的地面下沉。

位于休斯敦东部的帕萨迪那在 1906—1995 年之间地面下沉了 3 余米，大约有 8 000 平方千米的地表下沉了约 0.3 米。这一地区的地面沉降形势和石油以及地下水的开采情况非常吻合。

▼美国某地地面沉降

🏔 3.1.2 墨西哥

　　墨西哥城的下沉问题由来已久，这与该城市的地质结构关系密切。它是一座建立在湖床上的城市，湖床土质松软，易发生压缩。随着城市人口的不断增加，城市范围不断拓展，昔日的湖区已经全部被填埋建造为城区。这样的地质结构为墨西哥城迅速下陷埋下了祸根。

　　墨西哥城是墨西哥的政治、经济中心，在过去的约 50 年间，墨西哥城的人口几乎增长了 4 倍。来自联合国 2010 年的统计数据显示，墨西哥城人口已经达到 2 200 万，仅次于日本东京和印度新德里。这个超级大城市面临着水资源的极度缺乏。由于地表水资源极其有限，墨西哥城 70% 以上的自来水供应依靠地下水的开采。为了满足居民用水需要，墨西哥城每秒钟要抽取 1 万升的地下水，这无疑使地下水加速枯竭，整个城市下沉速度也在不断加快。统计数字显示，过去 100 年中，墨西哥城大约下陷了 9.14 米。其中，部分地区的下陷速度达到每年 0.38 米。1910 年建设的独立纪念柱基座，原与改革大街处于一个平面上，现已

▼墨西哥城地面沉降造成建筑物地基变形、楼体倾斜

降至街面 10 米以下。墨西哥国家水资源委员会废水再利用负责人阿列尔·弗洛雷斯说："想象一下，国会、证券交易所、机场全部都被淹没，整个国家的经济会因此全面瘫痪，这将是一场巨大的灾难。"1951 年墨西哥城地面沉降最为严重的时期，沉降速率达到 45 厘米/年。

地面沉降对墨西哥城的建筑物、机场、铁路、高速公路、地下管线、排水沟渠等都造成了影响。地面沉降使墨西哥城的一些地下排污管道发生了倾斜变形，污水无法正常排出城市。2010 年 2 月，墨西哥城一条主要排污运河——雷梅迪奥斯河的污水冲出堤坝，淹没了附近4 000 户人家。

🏔 3.1.3　日本

日本地面沉降的历史可以追溯到 1898 年，新潟平原最先发现地面沉降。而后，由于地下水集中开采，东京和大阪也相继出现地面沉降现象。"二战"后，因经济发展趋缓，地下水开采量减少，地面沉降也随之缓解。1950 年之后，随着日本经济的复苏和发展，地下水开采量迅猛增加，地面沉降急剧发展。20 世纪 60—70 年代是日本地面沉降最严重的时期，沉降速率一度达到 54 厘米/年，是当时全世界沉降

▼大阪地面沉降区积水

速率最大的地区，部分地区地面标高低于海平面。

目前，日本的地表沉降面积约 8 450 平方千米，占全国陆地总面积的 2.23%。其中，年下降 2 厘米以上的区域有 624 平方千米，在海平面以下的区域为 1 125 平方千米，东京年下沉 1 厘米以上的区域为 280 平方千米，占城市面积的一半，最严重的有 10～18 厘米，江东地区累计下沉 3～4 米，出现大片海拔负数的地带。

3.1.4　意大利

意大利水城威尼斯的圣马可教堂所在的主岛，以 5 毫米/年的速度下降。教堂广场在 1920 年时海拔为 68.6 厘米，20 世纪 70 年代降到 48.3 厘米，成了潮间带（潮汐可达）。1983 年 12 月大潮，潮高 1.1 米，全城 40% 低洼房屋浸没在水中。照此速度，百年以后的威尼斯将可能全部沉没于水中。

▼意大利威尼斯圣马可广场潮汐

⛰ 3.1.5　泰国

　　泰国曼谷位于湄南河三角洲，地势低洼，平均海拔不足 2 米。过去几十年间，曼谷市区逐步扩张，人口不断增加。2010 年，曼谷城市人口密度达到 5 801 人/平方千米。20 世纪 70 年代，曼谷开始出现地面沉降现象，1984 年是沉降最为严重的时期，地下水位降幅高达 65 米，曼谷市中心年平均下沉 5～10 厘米，东部地区的沉降速率一度达到 12 厘米/年，已经低于海平面 50 厘米。地面沉降造成大桥基石下沉、国会大厦倾斜。

　　地面沉降对于曼谷最大的威胁莫过于增加了洪水以及海水倒灌的风险。曼谷城区本身地势就非常低洼，多年的地面沉降已使东部部分

▼曼谷国会大厦局部倾斜

地区地表高度低于海平面 1 米左右。每当雨季来临，洪水都必须通过排水管道和排水沟渠抽取。

▲曼谷海水倒灌入侵沿海民宅

3.2 我国地面沉降分布

我国地面沉降灾害主要发生在长江三角洲、华北平原、汾渭盆地等几大区域，其他区域城市地面沉降也有逐年增多的发展趋势。《全国地面沉降防治规划（2011—2020 年）》指出，我国发生地面沉降灾害的城市超过 50 个，分布于北京、天津、河北、山西等 20 个省（自治区、直辖市）。在长江三角洲、华北平原、汾渭盆地累计地面沉降量超过 200 毫米的地区面积分别为近 1 万平方千米、6.2 万平方千米和7 000 平方千米，并有进一步扩大的趋势。

自 20 世纪以来，随着经济的快速发展，我国长江三角洲、华北平原、汾渭盆地等地区的多个城市先后发现了大小不一、广狭不均的地面沉降现象。这些城市的地面沉降是由地下水开采和建设引起的自身地面沉降，城市的工程建设与用水消耗成为了地面沉降的主要诱因。

目前我国大中城市的沉降主要是由于开采地下资源引起的。如地下水开采导致地下水位下降，致使土体压缩变形。在石油、天然气资源开采过程中，土体自重和开采石油减压的双重压力，也导致了地面沉降的发生。

工程建设是近年来新的沉降触发因素。在城市化进程中不断显露，部分地区的大规模城市改造建设中地面沉降效应明显，特别是在长期工程降水的情况下，周围沉降尤为突出。

▼全国地面沉降分布图

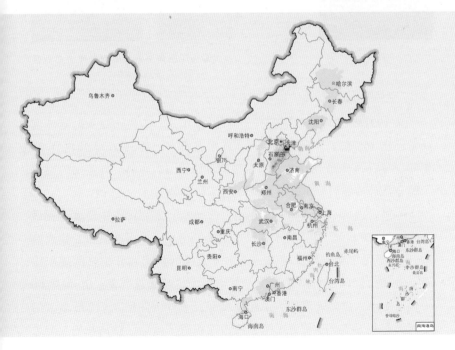

🏔 3.2.1 长江三角洲

长江三角洲已形成了以上海、苏州、常州与无锡为中心的地面沉降区。沉降严重的城市包括上海、苏州、无锡、常州、嘉兴、湖州、张家港等，沉降超过 200 毫米的面积近 10 000 平方千米，占区域总面积的三分之一。

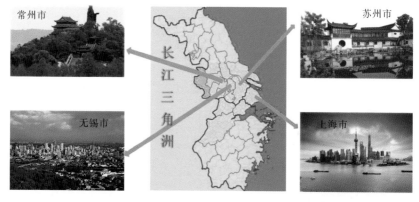

▲长江三角洲常见地面沉降分布地区

从 1921 年发现地面下沉开始至 1965 年止，上海市最大的累计沉降量已达 165 毫米，影响范围达 400 平方千米。从 1966 至 2011 年 45 年间，累计沉降量 290 毫米，年平均沉降量 6.4 毫米。有关部门采取了综合治理措施后，市区地面沉降已基本得到控制。

苏锡常地区（苏州市、无锡市、常州市）地面沉降主要发生在最近 40 年，20 世纪 80 年代中期以前主要发生在 3 个中心城市及锡西地段；80 年代中期以后，随着地下水开采区的扩大和开采强度逐年骤增，地面沉降问题也迅速扩大，发生程度也越来越严重。20 世纪 60 年代至今最大沉降速率约为 109 毫米/年，累计沉降量大于 200 毫米的区域面积超过 5 770 平方千米，约占苏锡常平原地区总面积的二分之一，而 500 毫米等值线已连片圈合了 3 个中心城市，面积超过 1 500 平方千米。

常州地区市区和武进东南部分乡镇区地面沉降比较严重，在原市国棉一厂（现为常州大诚纺织集团有限公司）和湖塘镇以东较大范围内的累计沉降量均已超过 1 000 毫米。无锡地区为苏锡常地区地面沉降最严重的地区。

无锡市区（运河以北）、锡山西部和江阴南部乡镇密集地段，累计沉降量都在 1 000 毫米以上，在石塘湾、洛社、前洲一片的累计沉降量均超过 1 400 毫米。

▼上海防浪堤

苏州地区地面沉降主要发生在城区,郊外轻微,沉降中心位于城区北寺塔附近,老城区内沉降量多已超过 1 000 毫米,外围原吴县—东桥及斜塘—郭巷等较多乡镇区也已发生至相当严重程度,累计沉降量为 500~600 毫米。

另外,在吴江市内,大多数乡镇区均有地面沉降发生,其中盛泽沉降量最大,累计沉降量超过 500 毫米。在常熟虞山南部莫城一带、昆山东部和太仓城厢一带地面沉降量也已超过 300 毫米。

目前,苏锡常地区地面沉降还在继续扩大,沉降速率仍保持较大的值,尤其在锡山西部和江阴南部平原不少乡镇区的沉降速率仍为 80~120 毫米/年。

▼苏锡常地区地面沉降量等值线图

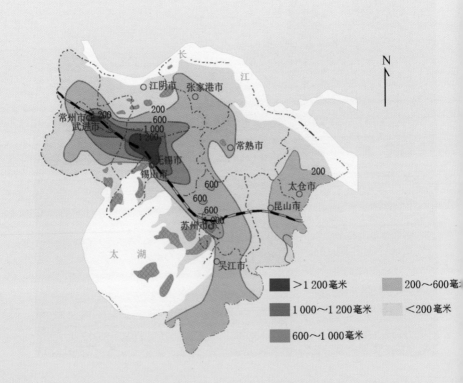

📖 3.2.2　华北平原

　　华北平原是我国地面沉降灾害最严重的地区。该地区地面沉降已不局限于城市中心，近郊甚至远郊区也开始沉降，已形成以天津、北京与沧州 3 个城市为大中心，保定、衡水与德州为次级中心的地面沉降降落漏斗。地面沉降超过 200 毫米的区域已达 6 万多平方千米。

　　华北平原 1959—1982 年间最大累计沉降量为 215 毫米，1982 年测得市区的平均沉降速率为 94 毫米/年。2003—2010 年间，天津沉降面积迅速增加，严重沉降区一度达到 2 749 平方千米。经过近几年的

▼华北平原地面沉降量等值线图

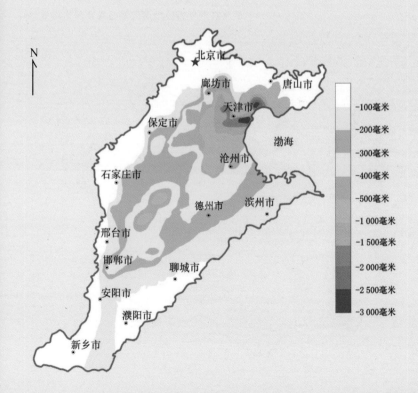

治理，目前仍有 1 118 平方千米范围属于严重沉降区。天津是环渤海地区的经济中心，同时也是全国海拔最低的沿海城市，滨海地区海拔仅 3～5 米，其中塘沽和汉沽建成区海拔在平均海平面附近，局部低于海平面。严重的地面沉降造成了雨后积水、河道不畅、管道破裂、抵抗风暴潮能力降低、堤岸和建筑物出现裂缝等现象，使社会经济和人民生命财产安全遭受严重的损害。

北京地面沉降问题随着城市发展而日趋严重，沉降区主要分布在朝阳区、通州区、昌平区及顺义区的部分地区。据统计，在 1935 至 1952 年间，17 年的最大累计沉降量仅有 58 毫米，而到了 2009 年，一年之内的最大沉降量便可达 137.51 毫米。换句话说，每过一年，身在北京的人们，脚踏的地面或许便已经低了十几厘米。

沧州地区地面沉降范围广、速度快、累积量大，已成为华北平原

▼北京市平原区地面沉降分布及严重程度划分

地面沉降危害较大区
沉降中心地带
累计沉降量 >1.0 米

地面沉降危害中等区
累计沉降量
0.3～1.0 米

地面沉降危害轻微区
累计沉降量
0.05～0.3 米

地面沉降无危害区
累计沉降量
<0.3 米

昌平区　顺义区　海淀区　城区　朝阳区　石景山区　通州区　丰台区　大兴区

N

地面沉降严重的地区之一。沧州市区 1970 年地面沉降量仅为 9 毫米，随着区域经济的发展，地下水开采量逐渐增加，地面沉降量也随之加剧。至 1980 年，沉降中心累计沉降量为 272 毫米；至 1990 年，沉降中心累计沉降量达 1 996 毫米；至 2008 年，沉降中心累计沉降量接近 2 500 毫米。

　　沧州市其他地区地面沉降发展速度也较快，并相继产生了多个沉降中心，中心累计沉降量均超过 1 000 毫米。全市有 15% 的面积沉降量大于 1 000 毫米，38% 的面积沉降量为 800～1 000 毫米，29.2% 的面积沉降量为 400～800 毫米，17.8% 的面积沉降量小于 400 毫米。市区累计沉降量大、沉降范围广，1 400 毫米沉降等值线把整个沧州市区包围其中，使整个市区形成一碟形洼地，沉降中心位于沧州火车站东侧，沉降量接近 2 500 毫米。2010 年后，地面沉降速率得到明显控制，但形势依然不容乐观。

▼沧州地区地面累计沉降量分区图（1970—2014 年）

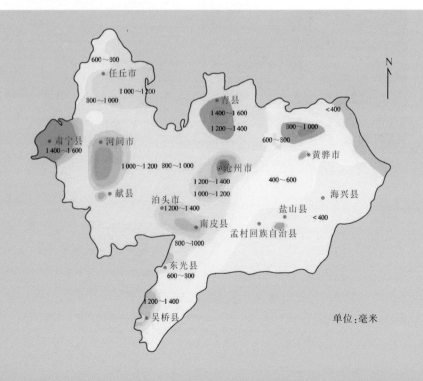

⛰ 3.2.3 汾渭盆地

汾渭盆地是由汾渭地堑经汾、渭二河冲积而成，延伸方向与汾渭地堑走向一致，均呈狭长形，平原宽窄不一。汾渭盆地城市的地面沉降主要以西安市、太原市、大同市为代表。

西安市的地面沉降主要发生在城区和近郊区，沉降区内形成了7个沉降槽。由于城市开发力度的加大和人口的急剧膨胀，西安市形成了7个新的地面沉降中心，分布于鱼化寨、吉祥村、电子城、欧亚学院、曲江新开发区、东三爻村、长安区韦曲镇，地面沉降总体呈现北东东走向，受到南北地裂缝的控制呈长椭圆形展布。

▲雨后西北工业大学沉降中心积水

▲ 汾渭盆地主要地面沉降城市分布

例如西安市的西北工业大学沉降中心在夏季暴雨时雨水形成汇流，形成了大面积的洼地，水深最深可达 1 米，道路与车辆均被淹没，给城市造成了很大的损失。

太原市地面沉降范围逐年向盆地边缘扩展，沉降降落漏斗面积逐年扩大，南部有向晋中盆地延伸的趋势，可划分出 2 处沉降区、4 个沉降降落漏斗中心。

3.3 我国地面沉降发展趋势

地面沉降从城市中心向四周扩大发展，如华北平原地面沉降不仅在城市中心形成，且在北京、天津、沧州、德州、保定等城市近郊甚至远郊区也开始形成。此外，地面沉降不断从平原城市向丘陵山区城市、从特大城市向中小城市发展。

地面沉降不仅在华北平原、长江三角洲与汾渭平原这些有较久沉降历史的地区持续发展，还逐渐向东北平原、长江中游、海峡西岸、云贵高原等过去沉降不明显的平原、低山丘陵、高原山地等地区发展。

3.4 我国地面沉降典型案例

3.4.1 河北省沧州市

前文已述，沧州市是华北平原地面沉降最严重的地区之一，全区均已发生地面沉降，城区相对郊区严重。

沧州市人民医院位于沧州城区中心，由于地面沉降，原三层楼逐渐变成了两层楼，本来的一楼降成了地下室。2009 年，沧州市人民医院妇产科建筑楼因楼体沉降严重，不得不拆除重建，并在原址上建起了喷泉。在市中心其他区域，沉降特征清晰可见，沉降前后的两段地面，高度相差约 300 毫米。

▲沧州市人民医院因地面沉降重建

　　沧州地区主要形成了以任丘、肃宁、泊头、沧州市区、青县等多个城区为中心的沉降区域，整个区域呈现出城市较郊区发展严重、城镇居住区较农业种植区严重、西部较东部地区严重、经济发达区较经济不发达地区严重等特点。主要原因为：城区发展需要开采大量地下水，尤其是经济发达城市对地下水需求量更甚，而地下水的开采对地面沉降发展有重要的影响，因此形成了地面沉降严重的局面。

　　沧州市也相应地采取了一系列措施，如关闭深层自备井等限采措施，水位出现回升，地面沉降发展势头得到了有效控制，沉降速率明显减小。其中，2001—2005 年沉降速率为 55.25 毫米/年，2008 年沉降速率为 28.33 毫米/年，2015 年沉降速率降至约 10.84 毫米/年。地下水限采措施对地面沉降的发展趋势产生了一定影响，地面沉降发展势头被遏制，这也从一定程度上表明地下水开采对地面沉降的影响很大。

3.4.2 陕西省西安市

西安市地面沉降发生于 20 世纪 60 年代初，至 1992 年累计沉降量超过 100 毫米的面积已达 105 平方千米，最大累计沉降量达 1 940 毫米。沉降中心平均沉降速率为 80～126 毫米/年，最大沉降速率为 300 毫米/年。

人为抽汲深层承压水引起含水系统释水压密是西安市地面沉降超常发展的主要原因，而西安市周围区域构造活动导致的区域性下沉是地面沉降持续发展的原因。

20 世纪 90 年代，大量超采地下水使得西安市城区地下水位严重下降，个别地区出现地面沉降，超采使大雁塔地下水位降至 100 米以下。由于地面沉降，矗立于古都西安的唐代建筑大雁塔已倾斜达上千毫米。除此之外，地面不均匀沉降不仅使得大雁塔倾斜，西侧墙面也于 2006 年开始不断出现裂缝。

▲大雁塔西侧墙体裂缝

▼西安市大雁塔沉降导致倾斜

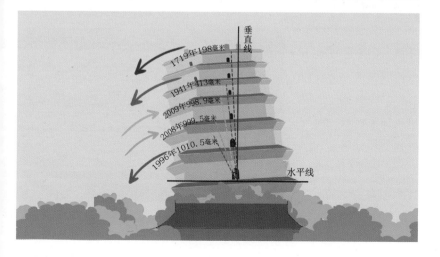

西安市一栋高层住宅楼门前的道路下方出现大量积水，整个楼成了悬空的"空中楼阁"。小区东区西门口，整面院墙出现了严重倾斜，墙面的瓷砖也因为挤压而脱落。小区西区东门的大门也因地面沉降发生了变形，门柱与墙面间出现了30厘米的缝隙。该住宅区地面裂缝随处可见，特别是绿化带内地面沉降更加明显，石柱也出现了倾倒。另外，地面沉降还引起一处别墅区井管台与地面脱离。

西安市地裂缝活动剧烈，造成了地面和台阶的严重损毁。位于西安市二环路上的一处立交桥，由于不均匀地面沉降，桥梁已经被分成了两段，两段之间的高度差近30毫米。

自黑河水成为西安市主要饮水水源后，为了保护和涵养地下水资源，西安市开始封停、填埋各类自备井，并从2009年起实施地下水回灌，加速地下水位的回升。通过封井、回灌地下水，西安市地下水位已开始缓慢回升，地面沉降和地裂缝发展得到遏制。

经各监测井数据分析，回灌区域地下水位埋深最大抬升约2米。特别是位于大雁塔回灌区域的西安核仪器厂（国营二六二厂）回灌井附近，平均抬升2.11米。

▲地面多处沉降致高楼悬空

▲地面沉降引起别墅区井管台与地面脱离

安徽省阜阳市地面沉降开始于 20 世纪 70 年代初，至 1980 年沉降中心最大累计沉降量仅为 83.7 毫米。之后，地面沉降快速发展，1990 年沉降中心最大累计沉降量达到 872.8 毫米。地面沉降宏观表现已非常明显，中深部地下水开采井井管拔高，井台开裂。

进入 20 世纪 90 年代，阜阳市加大了地下水资源管理的力度，逐步封闭了一些深井，调整了开采布局，地面沉降速率有所减缓，但 1999 年沉降中心最大累计沉降量仍然达到了 1 347.4 毫米，2002 年达到了 1 501.8 毫米。这表明阜阳市地面沉降仍在继续发展中。

阜阳市随着社会经济的发展，高层建筑逐年增多，地基跨度大的建筑物将受到不均匀沉降的严重威胁。地面不均匀沉降也造成了部分小区地面出现高低不平的现象，引起道路起伏，威胁当地楼体地基的安全。

阜阳市地面沉降严重影响了市政建设和规划，市区部分深井发生了倾斜和错位。20 世纪 80 年代初市面粉厂和市地震观测站深井井管抬升 220～300 毫米，有的深井因错位毁坏而报废。1994 年 10 月市委大院深井发生 4 处断裂、错位。

阜阳市水利工程遭到破坏，泄洪防洪能力降低。颍河、泉河堤岸正处于沉降中心位置，48 千米长堤坝的堤顶高度随着地面沉降降低，防洪堤标高降低 500～900 毫米，颍河阜阳闸整体下沉 600～800 毫米。由于受到不均匀沉降的影响，闸体开裂、错位和闸门启闭不灵，降低了防洪泄洪能力，目前已达不到原设计 20 年一遇的防洪标准。地面沉降逐年加剧，将严重影响阜阳闸体的安全应用，一旦遇到大洪水，将危及阜阳市民人身和财产的安全。

阜阳铁路编组站是全国六大编组站之一，位置正处在沉降量 50 毫米范围内，京九高速铁路阜阳市段置于沉降量大于 300 毫米的范围内，铁路建设和运行无疑受到严重威胁。

此外，安徽省合肥市也存在地面沉降问题。合肥市是处于长三角地区的边缘城市，随着城市的发展，人口逐渐增多，对于水资源的需求量也在不断加大，地面沉降主要是大量抽取地下水所致，但没有阜阳市的地面沉降问题严重。

▲阜阳市地面沉降造成道路起伏

3.4.4 江苏省苏州市

苏州市在 20 世纪 70 年代末开始出现较明显的地面沉降；80 年代及 90 年代初市区地面沉降加速，开始进入地面沉降高速发展时段；90 年代随着政府开始重视地面沉降的治理工作，市区地面沉降趋缓，但地面沉降开始向郊区扩展，沉降面积明显加大，在市区外围形成新的沉降区。

南京地质矿产研究所《长江三角洲地域地下水资源与地质灾害考察评估》报告指出，苏州市自 1949 年以来累计地面沉降 600 毫米的区域面积已达 180 平方千米，其中苏州古城区多处下沉甚至超过了 1 米。

苏州市地面沉降造成城市防洪能力下降，这是苏州市近年来洪涝频发的重要原因。洪涝频发及后续的防洪排涝抢险已严重影响了生产生活的正常进行。1954 年洪水时，苏州市齐门外水位只与地面相平，而 1994 年洪水时，已升到地面以上 1 米多。虽然洪水水位低于 1954 年，但受灾面积却比 1954 年多几十平方千米，地面下沉的影响由此可见一斑。苏州防汛堤由于地面沉降进行了 3 次加高，每逢汛期市政府和许多工厂企业都需要抽调大量的人力物力进行抗洪抢险，直接影响了生产和生活的正常运行。

苏州市地面沉降影响市内交通。苏州火车站前的平门大桥，由于地面下沉桥梁净空降低，影响船舶通航，每年汛期载重吨位略大一些的船舶就难以通航。河岸的轮船码头因水位上升而被淹没，因无法运行已经废弃多年。平门桥旁的河滨公园也经常被水淹没。齐门铁路大桥一带是苏州市地面下沉量最大的地区之一，下沉影响了铁路基础的安全稳定。

苏州市以它丰富的园林和历史古迹闻名于世。自 1983 年以来，著名景点寒山寺、西园、玄妙观等水准点累计沉降量达 500毫米，每次汛期几乎都有

▲苏州防汛堤 3 次加高

受淹情况发生。1998年，西园受灾情况较为严重，整个广场全部被水淹没，水溢出路面。因景点受淹，导致游人减少，影响旅游收入。

苏州市地面沉降造成测量水准点失效，给市政规划、工程施工等带来质量问题。如苏州市新建的北环路于1993年进行工程测量，后因工程停工，待1998年开工时，未再进行高程复测，导致其在1999年夏季的洪涝灾害中部分路段被淹。

地面不均匀沉降导致苏州市地下管线破裂，基础设施不能正常使用。市内一些下水管道出口淹没在水面以下，致使排水受阻。城市的一些水、电、气等地下管线也常因地面不均匀下沉而被错位、折断。1997年，由天津市政公司负责施工的工业园区污水管线，由于地面不均匀下沉而断裂，其巨额翻修费用使该公司损失巨大。1996年，位于国际小学附近的泵站，因施工后流砂下沉，造成局部管线断裂，翻修费用约为总施工费用的十分之一。

地面沉降危害

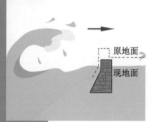

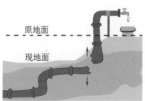

地面沉降是一种地层压缩、地面下降的现象。如前所述，它具有区域上的不均匀性，有的地方变化大，有的地方变化小。地面沉降不仅会形成低洼的地势导致积水的危害，更会出现错断地下管道、破坏公路铁路、破坏建筑物地基等非常糟糕的情况，时间长了，它还会造成地层失水，降低大地储水性，十分不利于人类城市工程建设和生态环境的保持。

4.1 形成低洼区域 下雨灌水遭殃

地面沉降会造成城市局部区域的相对地面高度下降，在沉降范围内形成大面积凹型地面区域。水往低处走，暴雨时大量雨水汇集，水量集中在地势低洼的地带，淹没道路、隧道、地铁口等设施，造成居民出行不便，增大城市排洪压力，甚至危及生命财产安全。

▼地面沉降引发洼地积水示意

▲地面沉降区域被雨水淹没　　　　　　　　▲地面沉降导致雨水倒灌地铁口

4.2　地面下沉比赛　建筑地基破坏

　　地面沉降往往对工程建筑的地基造成影响甚至破坏，例如它削弱楼体等建筑物基础的稳定性。桩基础范围内浅层土体压缩导致的地面下沉超过地基沉降的速度时，还会对建筑物的地基形成向下的摩擦力，这对于建筑物来说相当于有一只无形的手在向下压它，进一步威胁了建筑物的安全。

▼地面沉降威胁建筑物地基示意

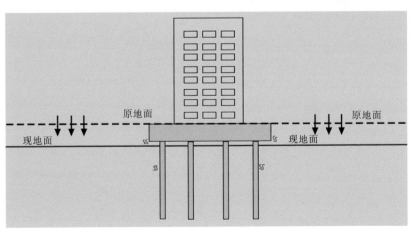

▲地面沉降造成楼体与地面脱离

▲地面沉降造成桥梁地基错开

4.3 两边各自下沉　中间裂缝逞凶

　　不均匀的地面沉降达到一定程度后还常常形成地裂缝，使地基产生水平、垂直方向上的沉降、错位，对我们的楼房、公路、铁路等建筑和相应地下管道、地铁线路造成威胁或破坏。

▼不均匀沉降形成地裂缝

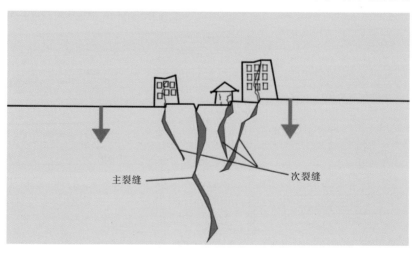

主裂缝　　　　　　　　　　　次裂缝

▲不均匀地面沉降造成墙体开裂　　　　▲不均匀地面沉降造成路面开裂

4.4　降低有效高程　海边江边危险

　　发生在海边、江边的地面沉降使地面高度降低，当地面沉降到接近海平面，甚至降至海平面以下时，会增加海水倒灌入陆地城市的风险，还增加风暴潮危害风险。海水中盐度高，生产设备容易被腐蚀，

▼地面沉降降低有效高程，削弱防洪堤功效

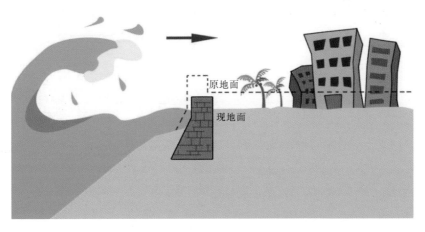

原地面

现地面

对工业生产造成危害，并且地下水和土壤盐度升高，会导致盐碱化，危害植物生存。同时，地面沉降造成既有河堤、海堤坝防洪防潮能力下降，使河边、海边的居民陷入危险当中。

4.5 地面下沉无常 管道齐断心慌

地面沉降还常常悄悄破坏管道，不知不觉中就把城市的供水、供暖、供气、输油等管道切断，造成断水停暖和资源浪费，不得不重新维修。

▼地面沉降错断地下水管道示意

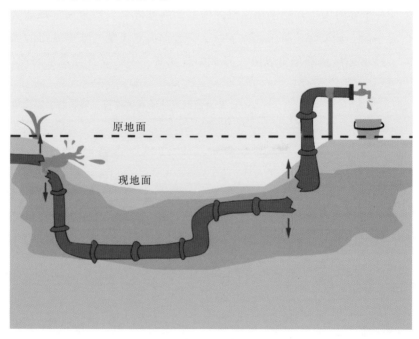

▲地面下沉错断井管　　　　　　　　　▲地下管道破坏突水

4.6 土体孔隙压密　大地源泉枯竭

　　过度抽水使得含水层里的水分被取走，土体原来含水孔隙被压缩，然后整个土体骨架开始压密，渐渐地造成宏观上我们看见的大地地面下沉。

　　地面下沉压密了含水层孔隙，那可都是大地储藏水的地方，而且压密之后大部分不可逆，水所在的那些空间就会永久损失。这使得大地含水层的储水空间变小了，储水和补充水的能力都变弱，削弱了大地含水层向人类供水和自然循环的能力。

▼地层下降示意

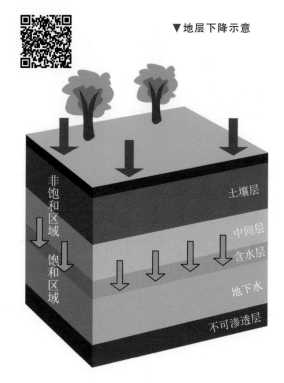

地下水的抽取直接形成负压力，把水从土颗粒中抽出，再加上上面荷载重量的下压，土颗粒越挤越密。

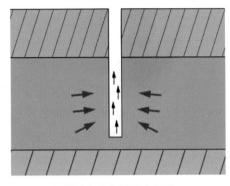

▲地下水含水层抽水示意

水排出孔隙，孔隙越来越小，土层体积开始压缩。

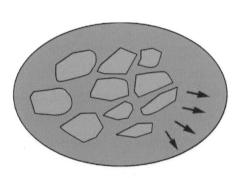

▲土体孔隙水排出示意

宏观上表现就是水都被挤出，地层开始压缩下降，地面下沉。

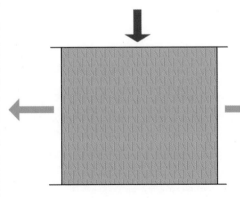

▲土体失水压密示意

4.7 大地地面下沉 深井井口吃紧

地面沉降在导致大地地面下沉的同时，还破坏地下水井口，造成井管相对地面上升，损坏井台，破坏田地。造成井口相对上升的原因是地层压缩了，但井管没有跟着压缩，表面上看就好像是井管被顶起来了一样，实际上是地面下降了。

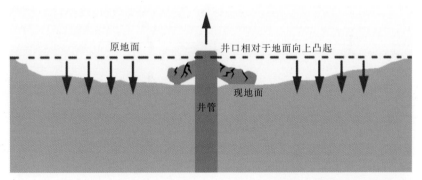

▲地面沉降造成井口破坏示意

地面不均匀沉降形成了地裂缝破坏农田，使农田水分丧失，破坏了土壤蓄水循环能力，降低了灌溉效果，影响农作物的生长。

▲地面沉降破坏井口

▲地面沉降破坏农田

4.8 地面下沉发难 地铁轨道磨损

地面沉降并不会仅仅止步于前面的破坏，它还会对与我们生活息息相关的铁路交通工具造成危害，造成包括地铁在内的轨道磨损，危害人们的出行安全，直接危及生命和财产安全，另外还增加铁路维护成本。

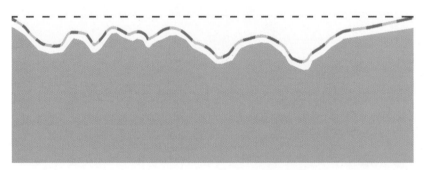

▲地面沉降造成轨道起伏不平示意

▲地面沉降导致地铁轨道磨损

4.9 路面上下不一 公路汽车颠簸

地面沉降还威胁公路稳定性，它把刚刚修好的水泥马路拉出一个坎儿来，或者干脆弄断道路，严重影响交通，甚至威胁生命安全，让施工人员不得不重新修缮。

地面沉降这种变形破坏虽然缓慢，但却是无法阻止的，一旦发生就很难防范。凡是起于地面的道路桥梁，只要落入它的"势力范围"，就难逃影响，并且往往是前面在修，后面继续在破坏，让工程师们非常头疼。

▲地面沉降使公路起伏开裂

▲地面沉降造成公路不规则开裂

▲地面沉降造成公路高低起伏

5

地面沉降防治措施

超采地下水

地面沉降发生范围大且不易察觉，又多发生在经济活跃的大中型城市，对人民生活、生产影响极大，已成为一种世界性地质环境公害。因此，地面沉降的防治已变得尤为重要。

我国对地面沉降的系统勘查和研究，起始于 20 世纪 60 年代对上海地面沉降的研究，到 70 年代基本查明上海市地面沉降的现状和原因，提出了减缓、控制措施，并建立了监测系统。随着科学技术的不断发展，地面沉降的研究也不断发展。下面对地面沉降简易的识别、监测和防治措施进行介绍。

5.1 地面沉降识别

那么，所有的地面都会发生地面沉降吗？

大地经过日积月累的地层固结压密，这种下沉大部分地面都会发生，是一种正常的地质现象，不会对人们产生过大的影响。地面沉降

▼城市建设密集地区引发地面沉降

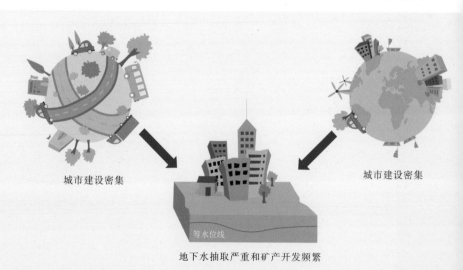

城市建设密集

城市建设密集

等水位线

地下水抽取严重和矿产开发频繁

大多发生在地下水抽取严重和矿产开发频繁的地区及城市建设密集的地区。

　　房屋建成后，由于重量过段时间后会看到地基有一定的下沉现象。此时地基的下沉是局部的，不一定是地面沉降，有些只是地基土体压缩或者地基处理不当造成的现象。地面沉降范围较大，建筑物成片下沉，而且建筑物之外的设施（如排水管线等）也下沉才是地面沉降。

超采地下水

▲抽取地下水引发的地面沉降

🏔 5.1.1　建筑裂缝识别地面沉降

　　地面沉降发育的地区，要多注意房屋墙面、地面是否有裂缝，房屋地基周边是否伴随地面下沉。地面不均匀沉降往往会对房屋等地面建（构）筑物产生破坏，在墙壁或者是地面上留下裂缝。

▲ 房屋墙体裂缝和地面裂缝示意

5.1.2 专业设施监测识别地面沉降

公路、铁路部门拥有专业的监测设施，能够测量出地面沉降是否发生。生活中应注意公路、隧道口是否有裂缝或者路面是否有显著的大面积凹陷发生。地面沉降发生时公路、隧道等关键部位会产生位移，公路、铁路部门和专业环境监测部门可以监测到。

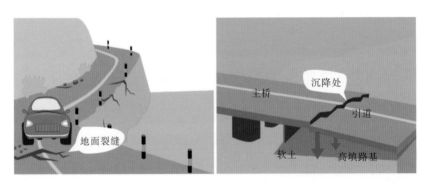

▲ 地面沉降时公路、桥梁裂缝

5.1.3 水井井管识别地面沉降

利用水井井管判断是否发生地面沉降，可以观察钢管井的井口是否被向上顶出，井口端口是否出现顶出式破裂。

钢管井的顶出未必在每个地面沉降区域都会出现，一旦出现了，就要注意是否是本区域出现了地面沉降现象，要及时告知相关部门，请专业技术人员进行现场判定。

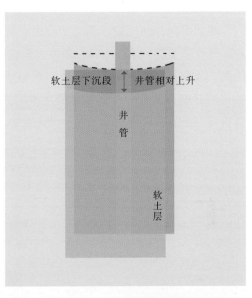

▲地面沉降井管顶出示意

▲江苏张家港市地面沉降井管上升

5.1.4 大面积洼地积水识别地面沉降

地面沉降长期发展，沉降中心地面高度会明显下降，形成碟形洼地，改变了原有的地表水径流条件，影响排涝和排水管网的运行能力。因此，大面积洼地积水就给了我们识别地面沉降的提示。根据水往低处流的常识，如果一个区域总是在大雨之后出现大规模的汇水现象，就很有可能是该区域发生了地面沉降现象。

▲大面积洼地或者积水区可能为地面沉降区

▲某街道降雨后积水

5.1.5 管道错断泄露识别地面沉降

如果出现地下管道等经常被错断或者非质量性泄露，就要在检查的时候注意是否发生了地面沉降，一般这种破坏目视就可辨别。

▲地面沉降引发管道错断

5.2 地面沉降监测

为防治地面沉降提供科学依据，准确量测地面沉降变形量，需要采取一定的监测手段。地面沉降的监测措施有很多，一般采用沉降标、InSAR（合成孔径雷达干涉技术）、GPS（全球定位系统）和布设水准测量网等。

我国从 2005 年起拟在长江三角洲、华北平原、汾渭盆地建立完善的监测网；2010 年完成了近 25 万平方千米范围的全覆盖调查；2011 年中国地质调查局部署"十二五"期间的 InSAR 调查计划，范围在我国中东部平原、盆地和三角洲地面沉降易发区、已发区和潜在区共计约 75 万平方千米；2015 年底完成了华北平原、长江三角洲和汾渭盆地三大重点沉降区新一轮的数据更新，实现了松嫩平原、珠江三角洲等中东部区域的调查，形成了分时段三位一体的地面沉降监测体系。

📍 1.沉降标监测

沉降标根据岩土体不同埋深的差异，又分为地面标、基岩标和分层标。地面标是埋设于地表的水准标点，只能测到地面的总变形量；基岩标为埋设在地下稳定基岩中的标杆式水准基点；分层标为埋设于地面沉降区内不同深度压缩层中的水准观测标。

在实际监测中，一般是在地面沉降区域内将标杆埋设在不同土层的顶、底板上并直通地面，经过稳定性保护处理，通过与其他分层标和基岩标联测，得到不同土层压缩量、膨胀量，从而测算出不同土层的变形量和总的地面沉降量。

分层标监测与前述井管被顶出的破坏原理相同，即当地层压缩时，特殊材料制成的分层标不会被压缩，这样分层标头会相对地面被顶出，只需要测量地面事先设定好的位置与分层标标头（图中的 S_1、S_2、S_3、

S_4) 的高差，就能知道相应的地层压缩了多少，从而得出该地区的地面沉降值。

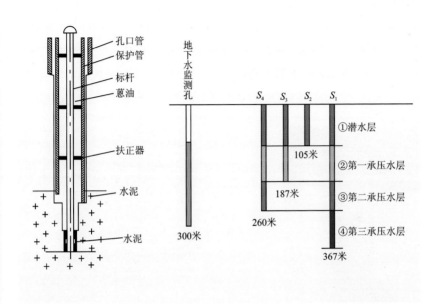

▲基岩标结构　　　　　　　　　　　　▲分层标监测示意

2.InSAR 监测

InSAR 是新近发展起来的空间对地观测技术，是传统的 SAR 遥感技术与射电天文干涉技术相结合的产物，非常适合对大范围面积的地面沉降进行监测。

以同一地区的两张 SAR 图像为基础处理数据，通过求取两幅 SAR 图像的相位差，以干涉条纹获取地形高程数

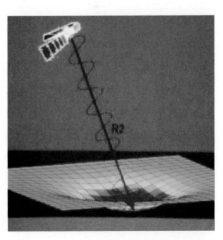

▲地面沉降干涉测量技术

据，然后算出地面沉降幅度和范围。这种测量技术具有测量结果准确、全天候和全天时作业以及测量结果连续的空间覆盖优势。

3.GPS 监测

GPS 监测是利用太空中的 GPS 卫星进行地面沉降定位，是一种通过建立 GPS 高程测量的基准点和监测点，将监测点合理分布于沉降区内，以监测不同时期监测点的相对高差来判断地面沉降的范围和幅度。

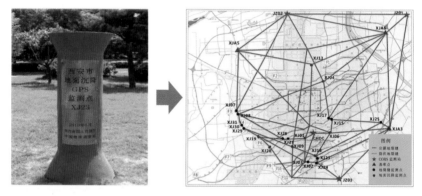

▲西安地区 GPS 监测网络

5.3 地面沉降防治

2012 年 2 月 20 日，中国首部地面沉降防治规划《2011—2020 年全国地面沉降防治规划》获得国务院批复。此举意味着全国范围内的地面沉降防治已经提上议程。此规划由国土资源部（现自然资源部）、水利部会同国家发展改革委员会、财政部等 10 个部委联合编制。此次获批的首部地面沉降防治规划，指出各地要尽快健全完善地面沉降的防治管理体系。

我国地面沉降防治工作虽然取得初步成效，但地面沉降继续恶化的趋势还没有得到有效控制，地面沉降防治工作形势依然严峻，任务十分艰巨。

1.合理开采矿产资源

由于地面沉降灾害主要是由过量抽取地下水或油气等矿产资源引起的，所以预防和控制地面沉降的根本途径是合理开采地下资源，保持含水层一定的水位高度，具体的措施如下。

◆措施一：控制地下资源开采量，优化开采布局，合理开采。

◆措施二：调整地下资源开采区（段）和开采层，避免局部地段过量集中开采，必要时封井停采，探索新的替代源。

◆措施三：采用新技术修复含水层，人工回灌地下水，控制和提高地下水位，使地面沉降缓慢回弹。

▼减小开采量

🏷️ 2.合理规划城市工程建设

在城市规划建设中，一些对沉降比较敏感的新建工程项目要尽量避开地面沉降严重和潜在的沉降隐患地带，以避免不必要的损失。对城市重大建设项目和重要基础设施，必须进行地质灾害危险性评估，科学论证工程建设的安全性。

▲避免集中开采

🏷️ 3.综合考虑自然与人工作用

地面沉降的发生与发展是典型的自然地质作用和人工复合的结果，两者的相关性极强。现今大量的工程活动对地质环境的影响越来越突出，加重和扩大了地质灾害的危险性，必须在研究地面沉降成因的基础上，综合分析因过量开采地下水、城市高大建筑群及地下空间开采带来的灾害复合效应。并且，在防治地面沉降时，也应综合考虑自然与人工作用的综合效应，在保护自然生态的前提下进行防护工程建设，使两者发挥更好的效果。例如廉江安铺镇南堤围海堤加固工程中，原设计路线方案为直线穿越红树林保护区，为实现项目对红树林最低程度的破坏，增加投资上百万元绕道修建海堤，践行了绿色发展理念。

▲廉江安铺镇南堤围海堤加固工程为红树林绕道（《湛江日报》，2018）

🗺 4.工程基础防治

开展地面沉降环境下的工程基础安全性和防治研究，包括地面沉降附近建筑物的合理避让距离，安全科学地处理工程基础，优化建筑物的结构功能设计和加固技术，保证建筑物的安全性和整体环境效应。

▲地面沉降区建筑物合理避让距离

5.防护加固

对沿海城市进行海岸加固，建造堤坝防止洪水泛滥和海水入侵。例如在美国加利福尼亚州内的三角洲地区，大面积的人工堤坝及人工岛有效地保护了这个三角洲，使之免遭海水的入侵，同时维持了有利的淡水坡度，保护了淡水源。

▲沿海陆地软基加固施工

6.土地使用转型

为了防止地面沉降，将土地使用由农业用地型向城市用地型转变，以降低需水强度，防止地下水位的进一步下降。佛罗里达州的泥沼区使用这种方法可以防止有机土的进一步分解，减缓有机质氧化的速度，使地面发生沉降的速度降低，地基更加稳固。

▲科学规划土地，降低需水强度

7.立法规范开采

过度抽取地下水和开采矿产资源是地面下沉的"罪魁祸首"。因此，限制对地下水和矿产资源的开采是治理地面沉降的关键。对地下水和矿产资源的使用进行立法，使水资源和矿产资源有一个合理的使用环境，以达到减缓和控制地面沉降的目的。如《中华人民共和国矿产资源法》《中华人民共和国水法》。

▲国家立法文件

8.政府主导

建立政府主导、部门协同、分级负责、齐抓共管的地面沉降防治工作管理体系，协调推进跨省区地面沉降综合防治工作，积极推进资源协调机制的形成，建立地面沉降监测和预警体系。

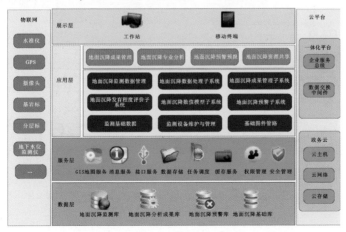

▲地面沉降监测预警系统架构图（刘钊，2018）

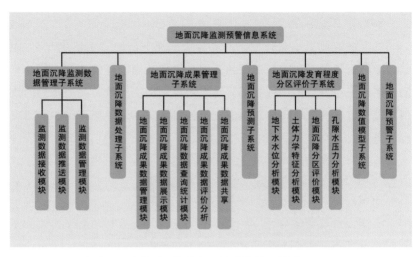

▲地面沉降监测预警信息系统功能图（刘钊，2018）

9.提高公众减灾防灾意识

积极开展水资源保护、节约用水等相关宣传活动，增强人们保护水资源的环保意识，优化工业产业用水结构，提高农业水资源利用效率，加大再生水利用程度，从而减少因为地下水超采引起的地质环境问题。

▼节水宣传，增强保护水资源的意识

结束语

地面沉降是一种累进性的缓变地质灾害，其发展过程是不可逆的，一旦形成便难以恢复。我们的肉眼看不见，可能很长的时间才沉降几毫米，但是往往到沉降已经形成了非常大的灾害的时候，我们再想恢复已经来不及了。尽管目前大部分区域的地面沉降速率呈减慢趋势，但即使是较慢的沉降速率也足以带来巨大的灾害和经济损失，大部分地区由于地面沉降还伴生了地裂缝灾害，对我们赖以生存的生态环境造成了非常严重的影响。地面沉降目前仍在继续发展，形势相当严峻。

习近平总书记在全国生态环境保护大会上指出："生态环境是关系党的使命宗旨的重大政治问题，也是关系民生的重大社会问题。"随着经济社会的发展和人民对美好生活需要的日益增加，加强生态环境保护、提高生态环境质量，在发展决策中占有越来越高的权重。党的十九大报告把"美丽"一词写入社会主义现代化强国目标，把"加快生态文明体制改革，建设美丽中国"用专门章节加以论述。党的十九大报告提出，建设生态文明是中华民族永续发展的千年大计，把坚持人与自然和谐共生作为新时代坚持和发展中国特色社会主义基本方略的重要内容，把建设美丽中国作为全面建设社会主义现代化强国的重大目标，把生态文明建设和生态环境保护提升到前所未有的战略高度。同时，党的十九大报告指出："开展国土绿化行动，推进荒漠化、石漠化、水土流失综合治理，强化湿地保护，加强地质灾害防治"，将地质灾害防治进行了专门论述。对于地质灾害，减灾即是增效，因此，为实现中国的可持续发展，对地质灾害的防治工作不可懈怠。

近年来，国家和地方职能部门制定了一系列相关法律法规，如

《地质环境保护条例》《地质灾害防治条例》等，批准实施了一系列地质灾害防治规划等，对地质环境进行保护，对地质灾害进行预防和治理，避免和减轻地质灾害造成的损失，维护人民生命和财产安全，促进经济和社会的可持续发展。然而，重建碧水蓝天，创造一个美丽的中国不仅仅是国家的事、政府的事，更是我们每个人不容推卸的责任。单靠政府在政策方面的措施是远远不够的，这还需要我们全民动手，全社会参与，从自身做起，从小事做起，运用新思维、新技术解决环境问题，用高新科技代替高污染技术，坚定不移地推进绿色发展，保护生态环境，开创人与自然和谐共生的发展新境界，让绿水青山成为群众致富圆梦的"金山银山"。

这本地面沉降科普读物，从地面沉降的基础概念、形成机制、分布区域、造成的危害及防治措施 5 个方面给读者呈现了地面沉降地质灾害的基本知识，希望通过学习使读者能够学会识别地面沉降，知道采取什么措施防治地面沉降，提高全民减灾防灾意识，共同创建一个美丽和谐的幸福家园。

科普小知识

⛰️ 地质灾害预报

📖 概念

地质灾害预报是对未来地质灾害可能发生的时间、区域、危害程度等信息的表述，是对可能发生的地质灾害进行预测，并按规定向有关部门报告或向社会公布的工作。地质灾害预报一定要有充分的科学依据，力求准确可靠。加强地质灾害预报管理，应按照有关规定，由政府部门按一定程序发布，防止谣传、误传，避免人们心理恐慌和社会混乱。

📖 地质灾害气象风险预警

地质灾害气象风险预警等级划分为四级，依次用红色、橙色、黄色、蓝色表示地质灾害发生的可能性很大、可能性大、可能性较大、可能性较小，其中红色、橙色、黄色为警报级，蓝色为非警报级。

红色:预计发生地质灾害的风险很高,范围和规模很大。

橙色:预计发生地质灾害的风险高,范围和规模大。

黄色:预计发生地质灾害的风险较高,范围和规模较大。

蓝色:预计发生地质灾害的风险一般,范围和规模小。

预报方式及内容

地质灾害预报以短期预报或临灾预报以及灾害活动过程中的跟踪预报为主，预报由专业监测机构、研究机构和灾害管理机构及有关专业技术人员会商后提出，由人民政府或自然资源行政主管部门按《地质灾害防治条例》的有关规定发布。

地质灾害预报的中心内容是可能发生的地质灾害的种类、时间、地点、规模（或强度）、可能的危害范围与破坏损失程度等。地质灾害预报分为长期预报（5年以上）、中期预报（几个月到5年内）、短期预报（几天到几个月）、临灾预报（几天之内）。

长期预报和重要灾害点的中期预报由省、自治区、直辖市人民政府自然资源行政主管部门提出，报省、自治区、直辖市人民政府发布。短期预报和一般灾害点的中期预报由县级以上人民政府自然资源行政主管部门提出，报同级人民政府发布。临灾预报由县级以上地方人民政府自然资源行政主管部门提出，报同级人民政府发布。群众监测点的地质灾害预报，由县级人民政府自然资源行政主管部门或其委托的组织发布。地质灾害预报是组织防灾、抗灾、救灾的直接依据，因此要保障地质灾害预报的科学性和严肃性。

地质灾害警示标识

在地质灾害易发区或灾害体附近，一般会设立醒目标识，提醒来往行人或车辆注意安全或标识逃生路线、避难场所等。不同地区标识外观不尽相同，但其目的都是为了防范地质灾害，达到安全生活、生产的目的。下面列举了我国部分地区的地质灾害警示标志、临灾避险场所标志，以及常见的几类地质灾害警示信息牌。

▲ 地质灾害警示标志

▲ 地质灾害区危险警示牌

▲ 地质灾害少数民族地区灾情介绍标牌（引自治多县人民政府网站）

地质灾害群测群防警示牌

灾害名称：桐花村后滑坡　　　　规模：小型
位置：临城县赵庄乡桐花村村南50米路北
威胁对象：8户30人40间房屋
避险地点：村北小学
避险路线：向滑坡两侧撤离
预警信号：鸣锣、口头通知
监测人：×××　　　联系电话：×××××
村责任人：×××　　　联系电话：×××××
乡责任人：×××　　　联系电话：×××××
县责任人：×××　　　联系电话：×××××

××× 人民政府

▲ 地质灾害群测群防警示牌

地质灾害警示牌

撤离线路图

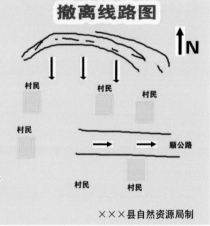

灾害点名称：五德镇杉木岭庙咀滑坡

灾害点位置：五德镇杉木岭村庙咀组

灾 害 类 型：滑坡

规　　　模：60m×70m/0.5×10⁴m³

威 胁 对 象：村民7户36人

防灾责任人：xxxx　联系电话：xxxxxxxxx

巡查责任人：xxxx　联系电话：xxxxxxxx

监测记录人：xxxx　联系电话：xxxxxx

预 警 信 号：敲锣

应 急 电 话：xxxxxxx（镇值班电话：xxxxxxx）

禁 止 事 项：禁止任何单位或个人在滑坡体上开山、采石、爆破、削土、进行工程建设及从事其他可能引发地质灾害的活动。

×××县自然资源局制

▲ 地质灾害警示牌

主要参考文献

《工程地质手册》编委会.工程地质手册[M].北京:中国建筑工业出版社,2017.

范立民,李成,陈建平,等.矿产资源高强度开采区地质灾害与防治技术[M].北京:科学出版社,2016.

何庆成,刘文波,李志明.华北平原地面沉降调查与监测[J].高校地质学报,2006,12(2):195-209.

彭建兵,卢全中,黄强兵,等.汾渭盆地地裂缝灾害[M].北京:科学出版社,2017.

彭建兵.区域稳定动力学研究:黄河黑山峡大型水电工程例析[M].北京:地质出版社,2001.

陶福平,陶虹,李辉.西安市地面沉降成因浅析[C]//陕西环境地质研究——2014年陕西省地质灾害防治学术研讨会论文集.西安:陕西省地质环境监测总站,2014:144-148.

陶福平,陶虹,李辉.西安市地面沉降数值模拟研究[J].地质学刊,2015,39(04):686-690.

武强,刘伏昌,李铎.矿山环境研究理论与实践[M].北京:地质出版社,2005.

熊佳诚,聂运菊,罗跃,等.利用双极化Sentinel-1数据监测城市地面沉降——以上海市为例[J].测绘通报,2019(11):98-102+129.

薛禹群，张云，叶淑君，等.中国地面沉降及其需要解决的几个问题[J].第四纪研究，2003 (06) :585-593.

叶晓宾，何庆成.华北平原地面沉降经济损失评估[M].北京:中国大地出版社，2006.

殷坤龙.滑坡灾害预测预报[M].武汉:中国地质大学出版社，2004.

殷跃平，张作辰，张开军.我国地面沉降现状及防治对策研究[J].中国地质灾害与防治学报，2005 (02) :1-8.

张阿新，魏子新，杨桂芳.中国地面沉降[M].上海:上海科学技术出版社，2005.

朱耀琪.中国地质灾害与防治[M].北京:地质出版社，2017.

资建民.高填方路基快速施工与沉降控制研究[D].武汉:华中科技大学，2008.